HEIMTIERE HALTEN

WELLEN-SITTICHE

Von Kurt Kolar
mit 43 Farbfotos von Regina Kuhn
und Franz Pfeffer
und 29 Zeichnungen von
Siegfried Lokau

ULMER

Inhalt

Lieber Tierfreund

Von allen Heimtieren ist keines weiter verbreitet und beliebter als der Wellensittich. Dieser Vogel besitzt ja auch viele Vorzüge: Er kann bis zu 15 Jahre alt werden, seine Pflege kostet nicht viel, zur Urlaubszeit kann er leicht von anderen Familienmitgliedern oder Freunden versorgt werden, er verursacht keinen Lärm und sucht sogar engeren Kontakt mit seinem menschlichen Pfleger. Trotzdem kann man so einen kleinen Sittich nicht ohne weiteres bei sich aufnehmen.

Vielleicht gehören Sie selbst bereits zu den zahlreichen Wellensittichpflegern und wollen sich noch genauer über die Betreuung dieser kleinen Papageien informieren, oder Sie sind als Tierhalter noch völlig erfahrungslos. In jedem Fall aber wollen Sie die Tierhaltung gewissenhaft betreiben und sind sich der Verantwortung dabei voll bewußt. Dies bedeutet vielleicht auch, Kosten zu übernehmen, die den Anschaffungspreis eines Tieres um ein Mehrfaches übersteigen. Vor allem ergibt sich die Verpflichtung, jedes Tier artgerecht zu halten. Was ist darunter zu verstehen? Über diesen Begriff streiten sich oft sogar die Tierexperten. Wir müssen wissen, wie die Tiere in der Natur, ihrer ursprünglichen Heimat leben, und es kommt nicht nur auf die Versorgung mit Futter an. Fliegt es in seinem Freileben viel, klettert es oder ist es eher auf dem Boden zu Hause; braucht es eine Versteckmöglichkeit; ist es ein Einzelgänger oder führt es ein geselliges Leben. Daher befaßt sich ein eigener Abschnitt des Buches mit dem Leben der Wellensittiche in Freiheit und in Menschenhand.

Tierhaltung im Hause und in der Familie geht nur dann auf Dauer gut, wenn alle in der Familie mit dem neuen »Mitglied« einverstanden sind. Nur dann werden sich alle wohlfühlen, nicht zuletzt natürlich auch der Wellensittich.

Ein Wellensittich als Geschenk?

Viele Leute freuen sich über ein Tier mehr als über alles andere. Im Prinzip spricht auch nichts dagegen, jemandem mit einem lebenden Tier Freude zu bereiten, doch müssen gerade in diesem Fall einige wichtige Voraussetzungen erfüllt sein. So muß man ganz genau wissen, ob der oder die Beschenkte wirklich Freude mit einem Tier hat und in der Lage und auch bereit ist, alle mit der Pflege und Haltung verbundenen Pflichten – ohne daß diese zur Last werden – zu erfüllen.

Wird beispielsweise ein Freund oder Bekannter, der viel auf Reisen ist, mit einem Tier beschenkt, kann dies leicht problematisch werden. Oder wenn er – was glücklicherweise nur selten vorkommt – auf den bei der Vogelhaltung unvermeidlichen feinen Staub allergisch reagiert?

Woran sonst noch zu denken ist, erfahren Sie auf den folgenden Seiten. Dann müssen Sie selbst entscheiden, am besten unter dem Gesichtspunkt, sowohl Mensch als auch Tier gleichermaßen zufriedenzustellen.

Für die meisten Wellensittiche ist die Wohnung ihres Besitzers Aufenthaltsort fürs ganze Leben. Was ist erforderlich, damit sich ein kleiner Vogel auch in einem Wohnzimmer wohlfühlt?

Die Wohnung als Sittich-Lebensraum

Richtige und regelmäßige Betreuung ist Grundvoraussetzung für das Wohlbefinden jedes Heimtieres. Mehr als viele andere Tiere brauchen Vögel gute, reine Luft. Gibt es in der Familie einen starken Raucher, sollte man auf die Haltung von Wellensittichen und anderen Vögeln verzichten. Das gleiche gilt, wenn Käfige nur in der Küche untergebracht werden können.

Trockene Raumluft schadet den Wellensittichen nicht, schließlich sind sie ja ursprünglich in Gebieten mit geringer Luftfeuchtigkeit zu Hause. Befinden sie sich in einem ungeheizten Raum, sind sie auch damit zufrieden. Temperaturen von 10 °C und darunter machen einem Wellensittich gar nichts aus. Selbstverständlich darf aber ein bei 20 °C – der für uns Menschen angenehmen Raumtemperatur – gehaltener Sittich nicht plötzlich niedrigeren Temperaturen ausgesetzt werden.

Die Belästigung durch Schmutz oder üblen Geruch ist bei der Wellensittichhaltung recht gering. Allerdings werden aber kleine Federchen und die leeren Hülsen der Samenkörner beim Herumflattern aus dem Käfig geweht. Dies ist zwar kein großes Unglück und für einen Staubsauger kein Problem, wird aber trotzdem von manchen Hausfrauen nicht gern gesehen. Reinlichkeitsfanatiker sollten besser keine Tiere halten.

Für Käfige jeder Größe gilt, daß sie möglichst in einer hellen Ecke oder zumindest an einer Wand stehen sollen. Also niemals frei im Raum! Schutz vor Zugluft ist dabei sehr wesentlich.

Der richtige Käfig

Eine Fülle verschiedener Käfigmodelle erwartet den Käufer in den Zoogeschäften.

Lassen Sie sich nicht zu sehr von den Farben und Formen beeindrucken, denn es kommt ja in erster Linie auf die Zweckmässigkeit für Tier und Betreuer an. Die Größe hängt davon ab, ob der Vogel künftig ständig im Käfig sitzen muß, oder ob er täglich in der Wohnung frei fliegen darf. Trifft dies zu, kann eine Käfiglänge von mindestens 50 cm eben noch empfohlen werden; zum Schlafen und zum zeitweiligen Aufenthalt reicht dies aus. Auch freilebende Sittiche sitzen während ihrer stundenlangen Ruhephasen tagsüber auf demselben Platz.

Es gibt Vogelkäfige mit senkrechter oder mit waagrechter Verdrahtung. Für unsere Wellensittiche kommt jedenfalls ein Modell mit waagrechten Gitterstäben an wenigstens zwei Käfigseiten in Frage. Der gut und gern kletternde Sittich kann so an den Seitenwänden seine Kletterübungen durchführen und auf diese Weise den Käfig besser ausnützen. Einfach geformte Modelle mit senkrechten Wänden sind für die Tiere am besten geeignet; sie sind auch leichter zu säubern.

Ein einfach geformtes Modell mit senkrechten Wänden ist am besten geeignet. Der Bodenteil sollte als Schublade ausgeführt sein.

Schließlich bleibt noch die Wahl zwischen einem verchromten oder einem kunststoffbeschichteten Käfig. Sofern anhaftender Vogelkot bald entfernt wird, bleiben die Metallgitter recht lange schön. Kunststoffbeschichtete Käfige, die es in allen Farben gibt, sind zwar pflegeleicht, doch kann mitunter die Schönheit nur von kurzer Dauer sein.

Vor allem die weiblichen Tiere nagen mit ihren kräftigen Schnäbeln nicht nur an den Sitzstangen, sondern recht oft auch an den mit Kunststoff ummantelten Gitterstäben. So kommt dann unter der bunten Farbschicht ein dunkler Draht zum Vorschein, der allmählich zu rosten beginnt.

Sittichschnäbel zerlegen auch die kleinen Kunststoffklappen, mit denen bei manchen Käfigen die außen eingehängten Näpfe gesichert werden. Diesen Ärger erspart man sich bei der Wahl eines Käfigs mit Metallklappen.

Übrigens sind manche Käfige nur mit einer einfachen Bodenschale ausgestattet. Sie sind dadurch preisgünstig und werden häufig gekauft. Bei jeder Reinigung muß aber der Gitterteil aus der Schale herausgehoben werden; für findige Vögel eine gute Gelegenheit, um zu entwischen.

Eine Leiter bietet ideale Möglichkeiten zum Klettern.

Das Vogelheim wird eingerichtet

Viele Käfigproduzenten nennen ihre Erzeugnisse Vogelheime, doch oft sind diese »Heime« nur mangelhaft eingerichtet. Vielfach fehlen geeignete Sprossen mit einem Durchmesser, der dem Vogel einen guten Halt ermöglicht und außerdem für eine natürliche Abnützung der Krallen sorgt. Meistens sind die Sprossen viel zu dünn. Die aus Kunststoff gefertigten Sitzstangen sind zwar leicht zu reinigen, doch bei der glatten Oberfläche kommt es wegen der fehlenden Abnützung zu übermäßigem Krallenwachstum.

Ist der Käfig groß genug, ersetzt oder ergänzt man die mitgelieferten Sprossen am besten durch einige Zweige. Diese federn etwas, wodurch die Gelenke der Vögel geschont werden. In Frage kommen Zweige von Obstbäumen, Weide, Buche, Pappel, Erle, Birke, Ahorn oder Holunder, die von den Vögeln gern benagt werden.

Futternapf mit einer Überdachung.

Beim Montieren von Sprossen und Sitzästen ist darauf zu achten, daß darunter befindliche Sprossen oder offene Futter- und Wassernäpfe nicht durch »Kotabwurf« der Tiere verunreinigt werden können.

Sogenannte Futterautomaten leisten recht gute Dienste, das Futter bleibt hier fast immer sauber. Auch Trinkwasserautomaten bewähren sich. Kranke Vögel, die sich vorwiegend am Boden aufhalten, müssen natürlich dort ein Wasserschälchen und Futter vorfinden.

Letzter Punkt der Käfigeinrichtung: Der Boden wird mit einer dünnen Lage Sand versehen. Dieser soll nicht nur den Kot etwas binden, sondern er ist für alle körnerfressenden Vögel als Verdauungshilfe von Bedeutung (s. Seite 21). Von den verschiedenen im Handel angebotenen Sorten ist der Flußvogelsand am ehesten zu empfehlen.

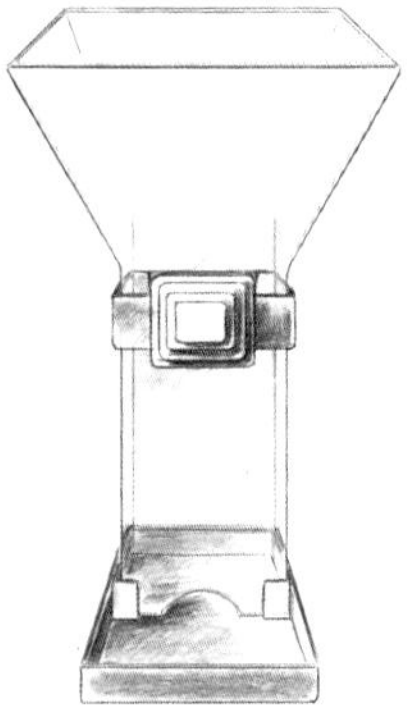

Ein Futterautomat läßt sich leicht kontrollieren.

Einer, zwei oder noch mehr Sittiche?

Jeder weiß, daß Wellensittiche von Natur aus gesellig sind, nie wird man in ihrer Heimat ein Einzeltier antreffen. Nachdem sie sich aus dem Familienverband gelöst haben, leben die Jungvögel ein paar Monate in größeren Schwärmen. Dann folgt die Bindung an einen Partner, die möglicherweise lebenslang hält.

Außerhalb der Brutzeit sind Wellensittiche oft in riesigen Schwärmen an Futterplätzen, Tränken und auf ihren Schlafbäumen anzutreffen.

Es wäre gefühllos, solchen Tieren eine lebenslange Einzelhaft zuzumuten. Wer je einmal genau beobachtet hat, wieviel Zeit die Angehörigen eines Paares mit gegenseitiger Gefiederpflege und sonstigen Zärtlichkeiten verbringen, wird zugeben müssen, daß er selbst nie soviel Zeit und Geduld für seinen Wellensittich erübrigen könnte.

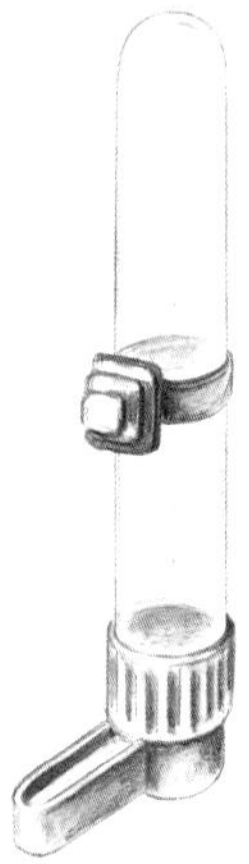

Trinkgefäße werden direkt am Käfiggitter angesteckt.

Kommt ein kaum flügger Sittich als Einzeltier in unsere Obhut, bildet sich recht bald eine enge Bindung zu seinem Pfleger, aber auch zu verschiedenen Gegenständen, die er zum Spiel im Käfig vorfindet. Ohr, Nase oder Finger werden von männlichen Tieren angebalzt. Das Gleiche geschieht mit den Spielsittichen und anderen Figuren aus Kunststoff, die manchmal als Partner, dann aber wieder auch als Rivale behandelt werden.

Ein verständnisvoller Tierfreund sollte jedoch die Einzelhaltung eines sozialen Geschöpfes nicht gutheißen. Bei der Haltung eines Sittichpärchens dagegen braucht man kein schlechtes Gewissen zu haben.

So umfassen die Krallen die Sitzstange; rechts in der typischen Schlafstellung.

Männchen oder Weibchen?

Wer auf zahme Vögel großen Wert legt, nimmt vorerst nur ein Tier ins Haus und nach zwei bis drei Wochen das zweite. Wenn man sich viel mit ihnen beschäftigt, werden junge Sittiche innerhalb dieser wenigen Wochen zahm. Kommt dann ein zweiter, ebenfalls junger Vogel dazu, hat er ein Vorbild und findet noch rascher Anschluß an seine Besitzer.

Unerwünschte Sittichkinder wird es bei paarweiser Haltung nicht geben, denn Nachwuchs läßt sich steuern; ohne einen Nistkasten gibt es keine erfolgreiche Brut! Davon abgesehen kommen Wellensittiche eher in einer größeren Gruppe in Fortpflanzungsstimmung. Soll jegliches Risiko ausgeschaltet werden, nimmt man sich zwei Männchen, die sich recht gut vertragen und auch sonst problemloser zu halten sind als Sittichweibchen.

Sitzstangen in unterschiedlicher Stärke; die mittlere Stange ist völlig ungeeignet.

Junger oder älterer Sittich?

Besteht die Absicht, eine Wellensittichzucht aufzubauen, wird man sich in erster Linie ausgefärbte, also etwa sechs bis acht Monate alte Vögel besorgen. Liegt uns aber an zahmen gefiederten Gefährten, schauen wir uns nach möglichst jungen Tieren um.

Seriöse Händler oder Züchter werden uns sicher bei der Auswahl von Wellensittichen gute Ratgeber sein, es beruhigt aber doch,

Fotos gegenüber: Ein immer wieder beliebtes Vergnügen: Turnen und Klettern an der Schaukel. Wie man sieht, ist sogar ein Überschlag möglich.

wenn man auch selbst weiß, wie ältere und junge, männliche und weibliche Sittiche zu unterscheiden sind.

Groß ist vor allem die Nachfrage nach »nestjungen« Wellensittichen. Die in der Nisthöhle sitzenden Jungen sind aber noch lange nicht futterfest. Erst ein bis zwei Wochen nach dem Ausfliegen – die Vögel haben dann ein Alter von etwa sechs Wochen – sind sie nicht mehr von den Elterntieren abhängig und können an einen Vogelfreund weitergegeben werden. Gar nicht so selten sieht man dann erstaunte Gesichter, da sich manche Leute einen jungen Sittich als winziges Etwas vorstellen, keineswegs aber als einen Vogel, der – von einem kürzeren Schwanz abgesehen – durchaus einem erwachsenen Sittich gleicht. Übrigens haben Wellensittiche um ihren 23. Lebenstag ihr höchstes Gewicht von etwa 35 bis 40 g.

Folgende Merkmale kennzeichnen ein eben aus dem Nest ausgeflogenes Sittichkind:

- Dunkle Iris (daher die großen, fast schwarzen Kinderaugen).
- Wellenzeichnung am Kopf etwas verwaschen und nicht deutlich ausgeprägt, übriges Gefieder matter als beim endgültig ausgefärbten Vogel.
- Schnabel, besonders gegen die Spitze zu, fast schwarz. Dieses Schwarz verschwindet nach kurzer Zeit.
- Wachshaut (unbefiederte Region zwischen Oberschnabel und Stirn) bei Männchen rosa bis blaß lila. Bei Weibchen oft leicht blau getönt, Nasenlöcher weißlich umrandet.

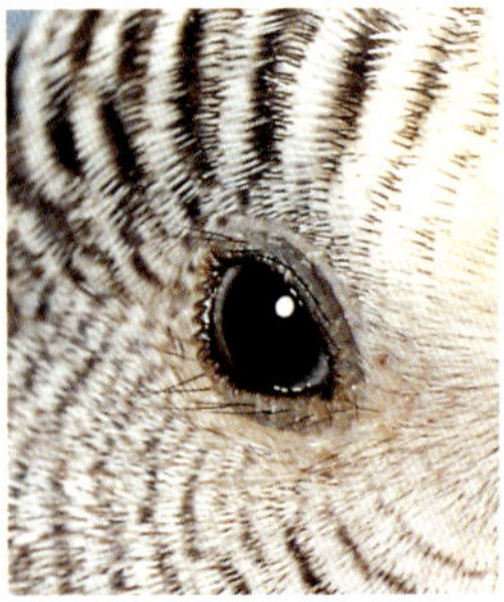

Bei genauer Betrachtung sind die langen Wimpern der Augen deutlich zu erkennen.

Diese Farbunterschiede sind nicht immer eindeutig, Irrtümer bei der Geschlechtsbestimmung von Jungvögeln sind daher möglich. Leichter ist es, bei den ausgefärbten Sittichen die Geschlechter zu bestimmen. Bei grünen und blauen Sittichmännchen ist die Wachshaut blau, bei weißen, gelben und gescheckten Männchen ist sie ebenso gefärbt wie bei den Jungtieren. Weibchen aller Farben besitzen eine braune Wachshaut.

Oft werden in den Zoogeschäften auch die etwas größeren und teureren Schau-Wellensittiche angeboten. Sie sind ebenso zu behandeln wie ihre »normalen« Artgenossen.

Woran erkennt man einen gesunden Wellensittich?

Zur ersten Prüfung entfernt man sich soweit vom Käfig, daß sich die Vögel ungestört verhalten. Dabei erkennt man einen kranken Sittich, der zuvor ängstlich sein Gefieder knapp an den Körper gelegt hat, deutlich: Die Augen sind nicht ganz geöffnet, die Federn werden gesträubt, der Vogel wirkt ausgesprochen schläfrig.

Ist der Vogel nach Farbe und Geschlecht ausgewählt, möchte man auch sicher sein, ein wirklich gesundes Tier zu erwerben. Hier einige gute Anhaltspunkte, die dem Anfänger eine einigermaßen zuverlässige Beurteilung erlauben.

Ist der Wellensittich unserer Wahl quietschvergnügt und munter, kann ihn der Händler – oder auch der Züchter – aus dem Käfig nehmen.

Nun könnte man weitere Tests durchführen:

- Kontrolle des Ernährungszustandes (zu beiden Seiten des Brustbeines muß der Brustmuskel deutlich fühlbar sein).
- An Augen und Schnabel darf es keinen Ausfluß geben.
- Die Kloakenöffnung muß sauber sein.
- Besonders genau sollte man sich die nähere Umgebung von Augen und Schnabel ansehen. Bemerkt man dort hellgraue krustenförmige Erhebungen, deutet dies auf einen Befall mit Räudemilben hin.
- Weiter sollen noch die Beine kontrolliert werden, denn mitunter fehlt einmal eine Kralle oder gar eine ganze Zehe. Das wäre kein großes Unglück, sondern höchstens ein Schönheitsfehler.
- Sofern der Sittich einen geschlossenen Fußring besitzt, wäre bei dieser Gelegenheit noch die im Ring eingravierte Jahreszahl – das Geburtsjahr – zu überprüfen. Dies gilt besonders beim Kauf eines hellfarbigen Männchens, bei dem ja – wie zuvor beschrieben – die jugendliche Wachshautfärbung lebenslang erhalten bleibt.

So bringt man den Sittich gut nach Hause

Achtung: Allzu lange kann die Pappschachtel dem Schnabel nicht standhalten!

Vielfach wünscht der Käufer, daß der Zoohändler den Vogel gleich in den eingerichteten Käfig setzt. Dabei spielt oft die Sorge mit, daß der Sittich zu Hause beim Umsetzen entweichen könnte.

Diesen Wunsch sollte der Fachhändler besser nicht erfüllen, denn man riskiert, daß sich der Sittich in dem ihm fremden Käfig voll Aufregung am Gitter das Gefieder abstößt oder sich vielleicht gar verletzt. Nur gut eingewöhnte Vögel können in ihrem Käfig transportiert werden!

Risikolos ist der Transport in einem kleinen Kistchen – im Zoohandel erhältlich – oder für kurze Zeit in einem kleinen Faltkarton. In diesen Schachteln sollte aber immer nur jeweils ein Sittich transportiert werden.

Bei extremen Temperaturen ist bei jeder Art von Vogeltransport, z. B. zum Tierarzt, noch einiges zu beachten:

- Im Sommer sollte besonders bei schwülem Wetter kein Vogel eingefangen, in der Hand gehalten und transportiert werden. In erster Linie gilt dies für übergewichtige Tiere. Bei warmem Wetter für gute Belüftung sorgen, den Transportbehälter also keinesfalls in eine Tasche stecken. Im Schatten gehen! Im Auto darauf achten,

Ein überzeugendes Bild der Eintracht: übereinstimmende Bewegungen wie auf Kommando.

daß Kistchen oder Schachtel nicht von der Sonne beschienen werden.

- Im Winter den Transportbehälter unter die Jacke nehmen oder zumindest in Papier oder in ein Tuch einschlagen. Längere Wege vermeiden. Bei starker Kälte Auto vorheizen.

Die Zeit der Eingewöhnung

Es ist wünschenswert, daß der Käfig bereits fertig eingerichtet bereitsteht. Jetzt brauchen wir nur noch Futter und Wasser hineingeben – zur Sicherheit streuen wir in den ersten Tagen etwas Futter auf den Boden und hängen an einigen Stellen im Käfig Kolbenhirse auf. Nun kann unser neuer Freund seine Wohnung beziehen.

Bedenken Sie aber, wie Ihnen zumute wäre, wenn Sie in eine neue Wohnung kommen, wo einem alles fremd ist und man sich unsicher fühlt. Genau so geht es dem Wellensittich! Er mußte, von seinen Artgenossen getrennt, eine Stunde oder noch länger im Transportbehälter verbringen, ohne zu wissen wohin es geht. Und nun kommt er schon wieder in eine neue Situation, mit

Mit einem Leckerbissen läßt sich am ehesten Vertrauen gewinnen.

der er sich vertraut machen muß. Also sollte man ihn jetzt in Ruhe lassen.

Auch wenn der Neuankömmling nicht sogleich sein Transportkistchen verläßt, dürfen wir nicht ungeduldig werden. Der Wellensittich soll von selbst nach seinen ersten Erkundungen in seinen Käfig springen. Keinesfalls dürfen die neugierigen Familienmitglieder seinen Käfig umringen und ihn auf diese Weise noch mehr erschrecken.

Ein paar Tage wird der Sittich nun ruhig herumsitzen, denn er verkraftet es nicht so leicht, plötzlich von seinen Artgenossen getrennt zu sein. Hat man aber gleichzeitig zwei Tiere mit nach Hause gebracht, zeigen sie sich schon bald wieder in ihrer üblichen Munterkeit.

Wenn ein »Neuling« erst einmal »aufgetaut« ist, was bei den einzelnen Tieren verschieden lang dauern kann, können wir die ersten Kontakte mit ihm aufnehmen. Wer damit zufrieden ist, seine Vögel einfach nur zu beobachten, braucht sich jetzt nicht weiter zu bemühen. Er versorgt seine Tiere mit dem was sie brauchen, läßt sie aber ansonsten in Ruhe.

Die Scheu vor der menschlichen Hand

Wer von Anfang an Wert auf einen engeren Kontakt legt, wird versuchen, das Vertrauen seines gefiederten Freundes zu gewinnen. Vor allem muß der Vogel seine Scheu vor der menschlichen Hand verlieren, mit der er ja noch keine allzu guten Erfahrungen gemacht hat.

Gelegentlich wird den Sittichfreunden geraten, einige Schwungfedern zu stutzen, damit die Vögel so eher zahm werden. Vergessen Sie das bitte! Auch wenn es da und dort gedruckt steht, ist dies keinesfalls ein Weg, sich mit einem Vogel anzufreunden.

Der beste Weg führt immer übers Futter. Man hält dem Sittich etwas, das er gerne frißt, mit der Hand hin, beispielsweise ein Stückchen Kolbenhirse oder ein Salatblatt. Er wird sich bald interessiert hinwenden, aber vorerst noch nicht den Mut haben, um sich diesen Leckerbissen aus der Hand zu holen. Aber wenn man ihm Tag für Tag geduldig auf diese Art ein Stück Futter hinhält, wird er auf die Hand steigen. Zuerst wird er dabei sehr zögern, aber bald wird er ganz selbstverständlich auf die hingehaltene Hand springen. Ab diesem Zeitpunkt kann man auch versuchen, den Sittich im Zimmer frei fliegen zu lassen.

Mahlzeiten und Leckerbissen

In ihrer australischen Heimat nehmen die Wellensittiche in erster Linie verschiedene Grassamen in den unterschiedlichsten Reifestadien auf. Noch lieber als die harten trockenen Samen sind die noch grünen und milchig weichen, halbreifen Körner begehrt. Gibt es diese nicht, sind die Sittiche auch mit den harten Sämereien zufrieden.

Jeder Vogelfreund sollte über die Nahrungsansprüche seiner Tiere Bescheid wissen und die verschiedenen Futtersorten kennen.

Bewährte Körnermischungen

Das im Handel erhältliche Wellensittichfutter besteht zum größten Teil ebenfalls aus Grassamen, denn die Hirse – der Hauptbestandteil – zählt ja auch zu den Gräsern. Den höchsten Anteil in den meisten Mischungen hat die gelbliche Platahirse. Dazwischen finden sich – eigentlich nur als bunter Aufputz, denn die Sittiche mögen diese Körner gar nicht so sehr – die roten Körnchen der Dakotahirse.

Die etwas länglichen, glänzenden Körnchen sind Glanzsamen (auch unter dem Namen Spitzsaat bekannt). Ferner ist meist etwas geschälter Hafer und manchmal etwas Negersaat in den Mischungen enthalten. Dazu kommen vielfach noch Jodkörnchen.

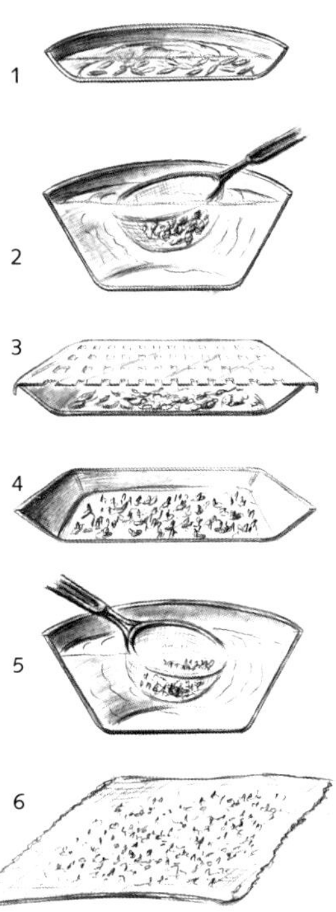

Keimfutter zubereiten:
1 *Das benötigte Tagesquantum gibt man in eine flache Schale. Es kommt soviel Wasser dazu, daß die Körner bedeckt sind.*
2 *Nach 24 Stunden an einem warmen Ort quellen die Körner.*
3 *Sie werden nun in einem Sieb gut durchgeschwemmt und hernach in einem Gefäß flach ausgebreitet; Abdecken verhindert das Austrocknen.*
4 *Nun zeigen sich innerhalb der nächsten 24 Stunden die Keimspitzen.*
5 *und* **6** *Nach nochmaligem Ausschwemmen und Übertrocknen auf saugfähigem Papier wird dieser Leckerbissen serviert.*

Will man solches Sittichutter aufbessern, könnte man allenfalls den Anteil an Glanzsamen etwas erhöhen. Mit etwas ungeschältem Hafer, den man am besten in einem eigenen Napf reicht, sorgt man für eine zusätzliche Beschäftigung seiner Vögel.

Solange keine Leckerbissen locken, ist der Sittich mit den erwähnten Sämereien zufrieden. Er holt mit seinem Schnabel Korn für Korn aus dem Napf, enthülst es und läßt die leere Samenhülle zurück in den Napf fallen. Schließlich ist der Napf mit leeren Hülsen bedeckt, doch der Wellensittich versucht nicht, an die darunter liegenden Körner zu gelangen.

So könnte bei nur flüchtigem Hinsehen der Eindruck entstehen, daß sich noch genug Futter im Schälchen befindet. Es wäre also Verschwendung, gleich den ganzen Inhalt des Futternapfes wegzuwerfen, es genügt, über dem Mülleimer die leeren Hülsen wegzublasen.

Keimfutter zubereiten

Will man seinen Vögeln eine besondere Freude bereiten und sie gleichzeitig auf einfache Weise mit Vitaminen versorgen, gibt man ihnen angekeimtes Körnerfutter. Die Samenkörnchen sind dann nicht nur weicher, sondern, wenn der Keim durchbricht, besonders gehaltvoll.

Wer Sittiche züchtet, hat auf diese Weise ein gutes Aufzuchtfutter zur Verfügung. Der einzige Nachteil: Keimfutter hält sich nicht lange, bei warmem Wetter beginnt es nach ein paar Stunden zu säuern und ist dann den Vögeln nicht mehr zuträglich. Die verwendeten Näpfe müssen täglich gut gereinigt werden.

Kolbenhirse und weitere Leckereien

Besonders gern picken unsere Wellensittiche nach Art ihrer freilebenden Artgenossen die Körner vom natürlichen Fruchtstand herunter. Kolbenhirse – ganz gleich, ob rotbraun oder gelb – und Rispenhirse sind jedenfalls beliebter als Körner, die im Napf angeboten werden.

Kranke Vögel, welche das normale Futter kaum noch beachten, können oft mit der geliebten Kolbenhirse wieder zur Nahrungsaufnahme bewegt werden. Die an den Kolben sitzenden Körner sind noch nicht ganz ausgetrocknet und somit leichter verdaulich als das übliche Futter.

Im Handel gibt es eine ganze Fülle weiterer Leckerbissen für Sittiche, wie etwa Kräcker, Glocken, Herzen oder Futterblöcke. Grundlage ist meist das übliche Körnerfutter mit Vitaminzusatz, das durch ein Bindemittel in die jeweilige Form gebracht wird.

Fotos gegenüber: (Oben) Auch frische Salatblätter gehören zur regelmäßigen Grünkost und sind sehr begehrt. (Unten) Freßzapfen, die mit Futterkörnern überdeckt sind, bieten dem Schnabel willkommene Arbeit.

Daran wird gerne geknabbert. Wesentlich ist dabei, daß die Tiere eine zusätzliche Beschäftigungsmöglichkeit bekommen, denn Wellensittiche leiden ja wie viele andere Tiere in Menschenobhut unter Langeweile.

Futterzusätze

Außerdem wird eine Reihe von Futtermischungen mit speziellen Zusätzen angeboten. Alle diese können bedenkenlos zwischendurch gegeben werden, sie bringen etwas Abwechslung in den Speiseplan. Die Jod-, Honig- und Lebertranperlen – in kleinen Säckchen erhältlich – sind als Zusatz zum Normalfutter gedacht. Die »Sprechperlen« bringen natürlich den Sittich nicht sogleich zum fröhlichen Plappern, sondern sie fördern durch ihren Gehalt an Lezithin – bekanntlich ein Mittel zur Stärkung der Nerven – das körperliche Wohlbefinden.

Grünkost und Vitamine

Gartenbesitzer sollten sich im Mai nach den letzten Nachtfrösten als Hirsebauer versuchen. Das normale Sittichfutter ist als Saatgut durchaus geeignet. Im Juli oder August zeigen sich dann die grünen Samenstände, der größte Leckerbissen nicht nur für Wellensittiche, sondern für alle körnerfressenden Vögel.

Neben dem Körnerfutter gehört Grünkost regelmäßig auf den Speisezettel. Gerne wird die in jedem Garten als »Unkraut« wuchernde Vogelmiere oder ein Stück sauberes Salatblatt – alles frei von Schädlingsbekämpfungsmitteln – genommen. Die im Zoohandel erhältlichen Keimtöpfe versorgen die Vögel eine ganze Weile mit frischem Grün. Ferner kann man den Sittichen ein Stück Apfel oder Karotte anbieten, doch nur die wenigsten freuen sich darüber.

Wellensittiche trinken nicht sehr viel und ihre Freude an einem Bad ist individuell verschieden. Für alle Fälle sollte aber ein Badehäuschen zur Verfügung stehen. Es wird vor ein geöffnetes Türchen außen an den Käfig gehängt.

Fehlt es an Möglichkeiten, den Wellensittich auf die beschriebene Weise mit vitaminreichem Futter zu versorgen, sind jedenfalls Vitaminpräparate – im Zoofachhandel erhältlich – dem Futter oder Trinkwasser beizufügen.

Wasser zum Trinken oder Baden

In ihrer australischen Heimat leben Wellensittiche in Gebieten, wo es oft monatelang nicht regnet. Sie müssen dann weite Flüge unternehmen, um irgendwo eine Wasserstelle zu finden. Nach solchen langen Durstperioden stürzen sie sich gleich am flachen Ufer in das langentbehrte Naß. Länger als andere Vögel halten es die Wellensittiche ohne Trinkwasser aus. Da sie also auch in dieser Hinsicht

Die schönste Beschäftigung: Zwei Wellensittiche putzen sich das Gefieder und fassen sich am Schnabel – erste Versuche zum gegenseitigen Füttern.

sehr genügsam sind, kann es durchaus sein, daß Sittiche in unseren Volieren kaum einmal beim Trinken zu beobachten sind. Dennoch muß den Vögeln ständig qualitativ einwandfreies Wasser zur Verfügung stehen. Keinesfalls darf es eiskalt sein – die empfindlichen Stimmorgane würden darunter sehr leiden – sondern eher etwas abgestanden.

Die im Leitungswasser eventuell enthaltenen Chlorzusätze sind dann auch zum Großteil entwichen. Fließt kein Wasser von Trinkqualität aus der Leitung, bekommt der Sittich kohlensäurearmes Mineralwasser.

Von gleich guter Qualität muß natürlich auch das Wasser im Badehäuschen sein, denn schließlich unterscheiden Wellensittiche nicht zwischen Trink- und Badewasser.

Auch das ist möglich: Sittiche beim Brausebad!

Nicht jeder Sittich sucht, die Erwartungen seines Pflegers erfüllend, das Badehäuschen auf, um dort fröhlich zu planschen. Manche Wellensittiche baden in einem flachen Teller oder schlüpfen zwischen nassen Blättern herum, andere wollen vom Wasser überhaupt nichts wissen und weitere möchten lieber ein Brausebad nehmen.

Sie setzen sich neben den tropfenden Wasserhahn und lassen sich anspritzen. Sofern die Vögel dies wünschen, sollte es das ganze Jahr über die Badegelegenheit geben und nicht nur im Hochsommer.

Kalk, Sand und Kohle

Auch Mineralstoffe sind für unsere Wellensittiche von Bedeutung. Kalk und Phosphor sind besonders wichtig.

Manche Sittiche haben sichtlich ein Vergnügen daran, Kalkstein oder Sepiaschulpe zu zerlegen. In diesem Fall tröstet man sich mit dem Gedanken, daß dies ein guter und gleichzeitig auf natürliche Weise den Schnabel abnützender Zeitvertreib ist. Um aber trotzdem nicht allzu viele Kalksteine kaufen zu müssen, gibt man jeden Tag ein kleines Stück davon in den Futternapf oder man versieht einen gern genommenen Leckerbissen mit einer Prise pulverförmiger Vitamin-Mineralstoffmischung.

Sandkörnchen wirken im Muskelmagen körnerfressender Vögel wie kleine Mahlsteine. Sie helfen mit, die aufgenommenen Körner zu zerkleinern und erleichtern dadurch die Verdauung.

Aber nicht jede Art von Sand eignet sich dafür, sondern am ehesten Fluß- oder Seesand. Diese enthalten keine scharfkantigen Bestandteile, welche den Vögeln schaden könnten. Der sogenannte Muschelsand enthält einen hohen Anteil an Kalk, der jedoch nach Auflösung im Magen in dieser Menge dem Organismus nicht gut tut.

Die Wirkung von Holzkohle bei Durchfällen und anderen Verdauungsstörungen ist bekannt. Auch beim Wellensittich bewährt sich dieses Hausmittel in solchen Notlagen.

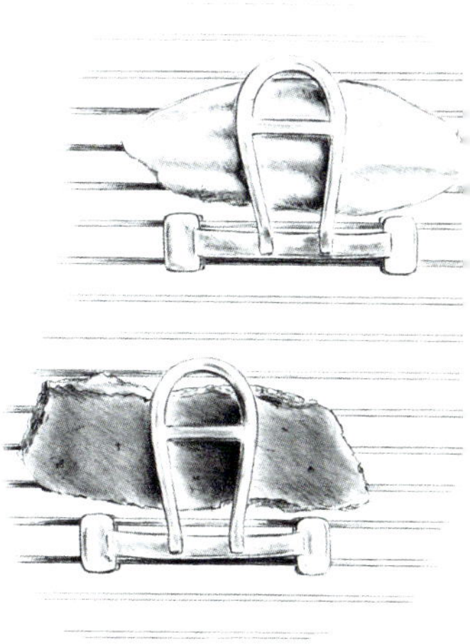

Sepia- (oben) oder Kalksteinschalen (unten) werden mit einem Halter am Gitter befestigt.

Braucht der Wellensittich Spielzeug?

Im Vergleich zum Freileben in der Natur ist der Alltag unserer Sittiche, vor allem wenn sie einzeln gehalten werden, langweilig.

Für den Wellensittich ist das Allerwichtigste der Gefährte. Von ihm kommen die Anregungen zur Aktivität, mit ihm befaßt er sich allein schon bei der gegenseitigen Gefiederpflege so manche Stunde am Tag.

Auch sind in der Natur die Wegstrecken zu den Futterplätzen und zur Tränke mitunter sehr lang und beanspruchen meist viel Zeit. Und vom Morgen bis zum Abend müssen die Sittiche ständig auf der Hut sein, ob nicht ein Greifvogel oder eine Schlange begehrlich auf sie lauert.

Dies alles entfällt für die Vögel in unseren Volieren, ja man möchte sogar meinen, daß die Sittiche unter diesen Umständen sorgenfreier leben können als in Freiheit. Tatsache ist, daß sie als Heimtiere wesentlich mehr »Freizeit« haben. Wir müssen also für Beschäftigung sorgen.

Da sich in einem kleinen Käfig kaum Äste anbringen lassen, an denen die Vögel nagen könnten, sollten sie bei ihren Ausflügen einen kleinen Kletterbaum in einer Zimmerecke vorfinden. Ein Ast

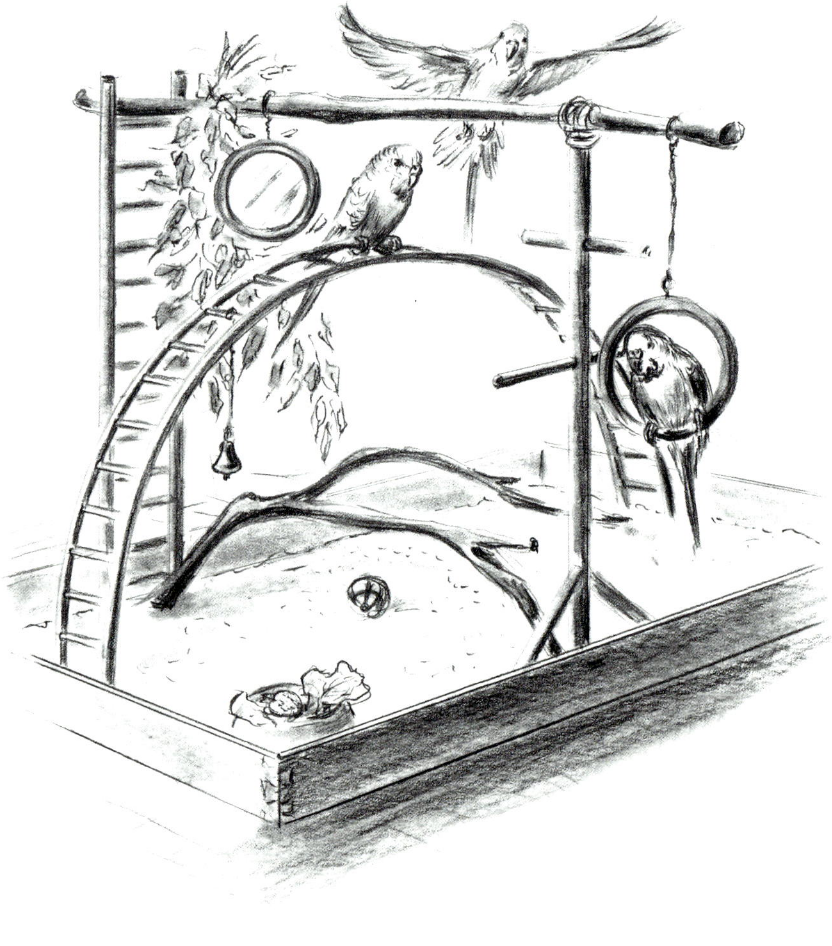

Ein solcher Spielplatz bietet viel Abwechslung für den Wellensittich. Bei Bedarf läßt er sich auch jederzeit umbauen.

Ein bißchen komisch sieht er ja aus, der weiße Kollege? Oder was meinst denn Du, mein Grüner.

mit vielen Verzweigungen von einem Obstbaum, einer Linde oder Eiche in einem größeren Blumentopf oder einem Weihnachtsbaumständer befestigt, wird rasch zum beliebten Aufenthalt.

Aber auch die sogenannten Sittichspielplätze, auf denen unsere Vögel Klettersprossen, eine Leiter und eine Schaukel vorfinden, bieten bereits Abwechslung. Im Käfig dient eine Schaukel durch die beim Landen notwendigen Ausgleichsbewegungen dem Sittich zur Körpergymnastik. Gut sind jene Wellensittiche dran, denen ihr Besitzer ein Leben in Gesellschaft eines Artgenossen gönnt, denn mit einem Einzeltier muß sich der Pfleger ständig selbst befassen und es beschäftigen.

Dies kann durch etwas »Arbeit« bei der Nahrungsaufnahme (s. Seite 18), durch Gelegenheit zum Nagen und durch neue Erfahrungen mit den verschiedensten Gegenständen im Käfig der Fall sein. Und es muß nicht unbedingt eines der bekannten Spielpüppchen aus Kunststoff sein, oft genügen ein kleiner Kieselstein, eine Münze oder eine kleine Glocke.

Mir persönlich gefällt es jedenfalls viel besser, wenn ein Sittich auf einem natürlichen Ast herumturnen kann, statt auf einer grellbunten Plastikleiter, und wenn er mit seinem Partner schnäbelt, statt vergeblich und enttäuscht einen Kontakt mit seinem Spiegelbild zu suchen.

Regelmäßige Pflegearbeiten

Jede Aktivität unserer Sittiche ist mit Lautäußerungen verbunden, über die sich vor allem im Sommer bei frühem Tagesbeginn nicht jedermann freut. Doch dies läßt sich steuern, wenn man den Käfig abends einfach mit einem dunklen Tuch zudeckt. Sobald man es in der Frühe entfernt, ist der Sittich »eingeschaltet« und beginnt sein täglich munteres Treiben.

Zahme Vögel richten sich vielfach nach dem Tagesrhythmus ihres Besitzers und sind solange still, bis dieser aus den Federn kriecht. Wie auch immer, wir müssen darauf achten, daß Wellensittiche nach zwölf Stunden Aktivität eine ebenso lange Nachtruhe genießen können. Steht der Käfig im Wohnzimmer, wo vielleicht noch bis Mitternacht ein Fernsehgerät bunte Lichtreize produziert, muß er zugedeckt werden. Stimmen und Musik in Zimmerlautstärke stören die Vögel weniger.

Sauberkeit: ein notwendiges Gebot

Das A und O bei jeder Art von Tierhaltung ist Sauberkeit. Besonders die Eß- und Trinkgefäße müssen einwandfrei sauber sein; dazu sind bereits morgens heißes Wasser und ein rauhes Putztuch notwendig. Am ehesten verschmutzen Wassernäpfe, und in den Ecken lagert sich Schmutz an. Längliche Trinkautomaten werden mit einer Flaschenbürste gesäubert. Wenn der Futternapf nicht durch Kot verunreinigt ist, genügt es bei der täglichen Pflege, die leeren Samenhülsen wegzublasen. Meist braucht dann nur eine geringe Futtermenge nachgefüllt zu werden. Klebt der Kot an den Sitzstangen, so ist er sofort zu entfernen, und auch die Sprossen sind gründlich zu reinigen. Ebenso sollte der am Käfiggitter haftende Kot gleich beseitigt werden, damit sich verchromtes oder Messing-Gitter durch chemische Einwirkung nicht verfärbt.

In der Käfiglade finden sich die Kothäufchen vorwiegend unter den Schlafplätzen. Man entfernt sie mit einer Spachtel oder einem Teigschaber.

Auf keinen Fall darf der Kot liegenbleiben, da er rasch eintrocknet und durch die Flügelschläge verwirbelt wird. So wird er dann von Mensch und Tier eingeatmet. Daß dies nicht gerade gesund sein kann, bedarf wohl keiner besonderen Erwähnung.

Einmal in der Woche ...

Wenigstens einmal in der Woche steht eine Generalreinigung auf dem Programm. Dabei sind die Futternäpfe – auch wenn sie keinen sichtbaren Schmutz aufweisen – und der ganze Käfig zu waschen.

Foto gegenüber: Jede einzelne Feder wird genau untersucht.

Selbst im Freien ist der Tagesablauf der Wellensittiche streng geregelt, wobei dem Einsetzen von Morgen- und Abenddämmerung besondere Bedeutung zukommt. So steht nach dem morgendlichen Flügelstrecken und der Gefiederpflege die Nahrungsaufnahme auf dem Programm.

Ein beliebter Leckerbissen sind solche Herzen aus Körnerfutter, mit denen sich die Sittiche beschäftigen können.

Solange die Sittiche in der Wohnung fliegen, nimmt man sich auch den Gitterteil des Käfigs vor, um ihn in der Badewanne kräftig abzubrausen. Bleiben die Vögel im Käfig, wird wenigstens die Kunststoffschale gründlich gesäubert. Die in der Wohnung freifliegenden Vögel haben ihre Lieblingsplätze, an denen sich Kot ansammeln kann. Ein dort aufgelegtes Zeitungsblatt erleichtert das Saubermachen.

Eifrige Hausfrauen sollten nicht vergessen, daß Vögel gewöhnlich über Säuberungsaktionen in der Wohnung wenig erfreut sind. Wischtücher und geschwungene Besen können Fluchtreaktionen und erheblichen Streß auslösen.

Ein Staubsauger mit seinem Gebrumm wirkt noch beängstigender. Daher in Käfignähe mit solchen und ähnlichen Geräten bitte behutsam umgehen! Wird gelüftet, dürfen die Vögel keinem kalten Luftzug oder einer plötzlichen Abkühlung ausgesetzt sein. Selbst bei abgehärteten Tieren könnte dies sonst leicht eine Lungenentzündung auslösen.

So lernt der Wellensittich »sprechen«

Die Anführungszeichen stehen hier, um nicht den Eindruck zu erwecken, daß es sich um eine tatsächlich einsichtsvolle Form der Verständigung handelt. Selbst wenn manche eingelernte Worte situationsbezogen eingesetzt werden – mancher Sittich sagt beispielsweise »Hallo« sobald das Telefon läutet – darf man keine Einsicht in diese Äußerungen hineininterpretieren.

Von jedem Vogel aus der großen Gruppe der Papageien erwartet man, daß er auch »sprechbegabt« ist. Der Wellensittich gehört jedenfalls zu den talentiertesten »Sprechern«.

Auf was es vor allem ankommt

Der bereits eingewöhnte Wellensittich wird bald von selbst Annäherungsversuche unternehmen und uns sein Köpfchen mit leicht gesträubten Federn hinhalten. In dieser Situation dürfen wir ihn nicht enttäuschen, denn er erwartet, daß wir ihm behutsam den Kopf kraulen.

Ein solches Vertrauensverhältnis ist eine wesentliche Voraussetzung für den Sprechunterricht, denn dabei sollte der Vogel durch nichts abgelenkt werden. Die weitere Voraussetzung ist das jugendliche Alter von zwei bis drei Monaten. Schließlich brauchen wir selber als »Lehrer« eine gehörige Portion Geduld und das Glück, einen talentierten Wellensittich zu besitzen. Die individuellen Unterschiede können nämlich auch hinsichtlich der Sprechbegabung recht beachtlich sein.

Manche Wellensittiche lernen es gleichsam »im Vorüberfliegen«, ein paar Worte oder kurze Sätze nachzusprechen, andere ahmen eher Geräusche aus der Umgebung nach, darunter auch die Stimmen von Grünfinken oder Spatzen, die sie vom Fenster aus hören. Es gibt dann noch Sittiche, die überhaupt nichts nachahmen und sich allein auf ihre angeborenen Lautäußerungen beschränken.

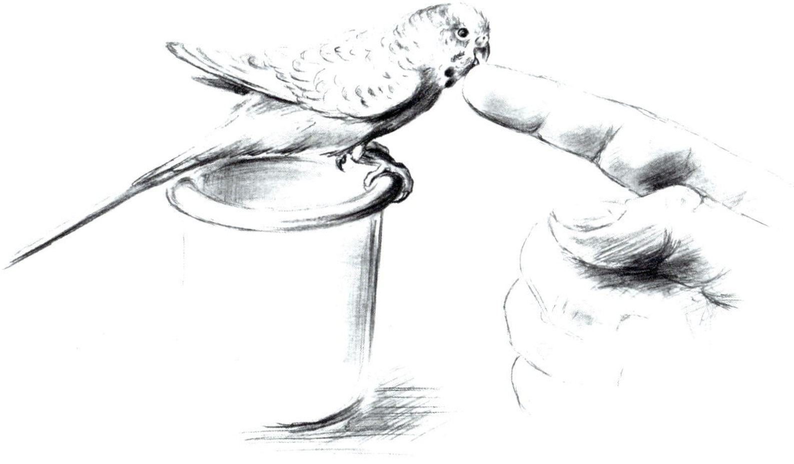

Ein sanftes Kraulen am Kopf fördert das Vertrauen des Sittichs.

Foto gegenüber: Spiegel und Glöckchen, Spielzeug, das sich in vielen Wellensittichkäfigen findet. Oft wird das eigene Spiegelbild eher als Gegner angesehen, aber dennoch hin und wieder auch zu füttern versucht.

Ein wenig Unterricht schadet nicht

Schon zu Beginn der näheren Bekanntschaft mit dem anfangs noch im Käfig sitzenden Vogel kann und soll man mit ruhiger Stimme mit ihm reden und dabei immer wieder seinen Namen nennen. Sobald er dann ganz zahm ist und von selber auf den hingehaltenen Finger steigt, ist die notwendige Vertrauensbasis vorhanden, und man fängt mit dem planmäßigen Unterricht an. Die beste Zeit dazu ist die Abenddämmerung, wo man die gewünschten Worte und Sätzchen immer wieder vorsagt. Ein guter Rat: Wählen Sie Worte mit Zischlauten und den Vokalen i und e aus, da diese besonders gut nachgeahmt werden.

Nicht sofort, aber oft schon nach zwei Wochen zeigt sich der Erfolg des Unterrichts. Und dazu geben dann manche Sittiche »außer Programm« verschiedenes von sich, das sie sich selbst angeeignet haben. Bis zu ihrem dritten Lebensjahr können sie ihr Repertoire erweitern, das – wie manche behaupten – über hundert Worte umfassen kann.

Der Sprechunterricht funktioniert am besten, wenn man nur einen einzigen Vogel als Schüler hat. Mit besonderer Geduld erreicht man aber auch, daß sprechende Sittiche paarweise leben. Dazu braucht man einen ganz jungen männlichen Vogel, der nach Abschluß seiner ersten Ausbildung einen möglichst jungen Sittich beigestellt bekommt. Er wird sich um den Neuen kümmern, ihn vielleicht in den ersten Tagen füttern, jedenfalls kann er sein Lehrmeister werden.

Diese Mühe – und sie ist wirklich erheblich – sollte jeder auf sich nehmen, der auf das Vergnügen, einen plaudernden Wellensittich zu besitzen, nicht verzichten möchte.

Entscheiden Sie aber bitte selbst, was mehr zählt: Ein fröhliches und zufriedenes Sittichleben in Gesellschaft eines artgleichen Partners, oder ein Mensch, dem es vorwiegend darauf ankommt, an einem Tier seinen Spaß zu haben.

Ein so guter Flieger wie der Wellensittich braucht die Möglichkeit, seine Flügel täglich ordentlich einzusetzen. Zuvor muß der Sittich jedoch mit seiner Umgebung gut vertraut sein.

Sittich-Rundflug im Zimmer

Ist der Sittich bereits handzahm geworden, braucht man überhaupt keine Bedenken mehr zu haben und kann das Käfigtürchen zu einem Ausflug öffnen. Voraussetzung ist allerdings, daß im Raum keine Gefahren für den kleinen Flieger drohen.

Jedenfalls sind die Fenster zu schließen. Das klingt zwar mehr als selbstverständlich, trotzdem gibt es genug Leute, die dies übersehen. Ist ein Sittich entflogen, besteht keine Hoffnung, daß er von selbst wieder zurückkommt.

Oft sind die Schnäbel der Wellensittiche »unterbeschäftigt«. Ein Zweig zum Benagen ist dann besonders willkommen.

Zahme Vögel können anderswo zufliegen, sie lassen sich sogar einfangen, aber so gut wie nie bekommt sie der frühere Besitzer wieder zurück, es sei denn, der Sittich hat als guter Sprecher gelernt, Namen und Adresse aufzusagen. Das sind aber wirklich nur ganz große Ausnahmen.

Zumindest bei den ersten Ausflügen sind die Vorhänge vorzuziehen, Glastüren und Spiegel zu verhängen. Der Sittich kennt sich ja noch nicht gut aus und könnte daher leicht mit voller Wucht gegen eine Glasscheibe fliegen. Gehirnerschütterung oder gar ein Genickbruch wären die Folgen.

Hohe Vasen sind zu verdecken. Schon oft sind Sittiche in Bodenvasen gerutscht und darin, ohne sich bemerkbar zu machen, zugrunde gegangen.

Weitere Gefahren sind die Spalten zwischen Zimmerwand und Möbeleinbauten. Bleihaltige Farben an Tapeten oder Bilderrahmen haben ebenfalls schon vielen freifliegenden Wellensittichen das Leben gekostet, denn irgendwann beginnen die Vögel, ihre Umgebung mit dem Schnabel zu testen. Heiße Herd- und Ofenplatten und in der Küche die offenen Töpfe mit heißem Inhalt, giftige Zimmerpflanzen, Putzmittel … Diese Liste ließe sich noch weiter fort-

Mit viel Schwung geschieht die Landung auf der Schaukel. Auf alle Fälle ist dies eine willkommene Ausgleichsgymnastik.

setzen, man muß wie bei einem kleinen Kind ständig aufpassen, daß kein Unglück geschieht.

Beim ersten Ausflug sollte man sich etwas Zeit zum Beobachten nehmen. Am besten wählt man als Zeitpunkt ein Wochenende, an dem man zu Hause bleibt.

Zuerst wird es eine ganze Weile dauern, bis sich der Vogel überhaupt aus seinem Käfig herauswagt. Daß man dann nicht vielleicht aus Ungeduld den Sittich aus dem Häuschen jagt, versteht sich wohl von selbst. Traut er sich endlich, führt meist der erste Flug hinauf auf eine Vorhangstange. Dort bleibt er zunächst ein paar Stunden sitzen. Futter darf natürlich nur im Käfig angeboten werden, sonst würde er wahrscheinlich nicht so bald freiwillig dorthin zurückkehren.

Kommt unser Wellensittich an seinem ersten Ausflugstag nicht von selbst wieder in den Käfig zurück, lassen wir ihn ruhig auf seinem Platz sitzen. Am späten Abend prägt man sich genau ein wo der Vogel sitzt und kann ihn dann bei abgeschalteter Beleuchtung leicht ergreifen. Völlig falsch ist es, den Sittich mit Besen und Netz zu jagen und auf diese Weise einzufangen. Mit der Zahmheit wäre es dann auf längere Zeit vorbei.

Bei jedem Ausflug im Zimmer darf nicht vergessen werden, daß sich ein Vogel im Zimmer befindet, der auch einmal auf dem Boden unterwegs sein kann.

Wenn es Nachwuchs geben soll

Foto gegenüber: Beim Schnäbeln: Zwei, die sich mögen.

Auch beim Wellensittich gehört zum Normalleben das Kinderkriegen. Wer im Sinne einer artgerechten Haltung ein Pärchen besitzt, sollte aber dennoch überlegen, ob eine Sittichkinderstube nicht vielleicht doch zuviel des Guten sein könnte.

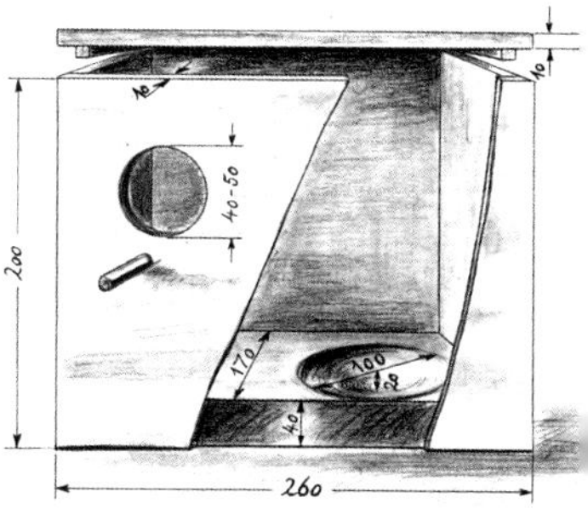

Wer gerne bastelt, für den ist es kein Problem, die künftige Sittichkinderstube selbst zu zimmern. Dünne Weichholzbretter, Sperrholz- oder Spanplatten sind dafür das geeignete Material.- Man darf aber nicht vergessen, eine Mulde für das Gelege in die Bodenplatte zu fräsen oder auszuheben!

Der Nistkasten

In ihrer Heimat brüten Wellensittiche vorwiegend in ausgemorschten oder ausgenagten Baum- und Asthöhlen. Solche Nisthöhlen können verschieden aussehen, keineswegs nicht nur wie die allbekannte Spechthöhle im senkrecht stehenden Stamm mit dem ausgemeißelten runden Einschlupfloch. Der Brutplatz kann auch ein oben offener, hohler Baumstamm sein oder eine waagrechte Höhle in einem stärkeren Ast.

Zum Glück ist es nicht erforderlich, den Sittichen die naturgetreue Nachbildung einer solchen Höhle zu bieten. Sie sind mit den im Handel erhältlichen Nistkästen aus dünnen Brettchen oder Spanplatten voll und ganz zufrieden.

Zwei Arten von Nistkästen werden im Handel angeboten: Eine senkrechte Kunsthöhle mit dem Einschlupfloch in der oberen Hälfte der Vorderwand, oder die waagrechte Sittichhöhle, bei der sich der Eingang in der rechten oder linken Hälfte der Vorderwand befindet. Bei letzterem ist die Bodenfläche etwas größer, was sich bei einer umfangreicheren Schar von Sittichkindern als günstig erweist.

Ferner kann kein Ei zerbrochen werden, da sich das Weibchen nach einer Brutpause von der Seite auf das Gelege begibt und nicht – wie beim hohen Kasten – von oben daraufspringt.

Und schließlich haben es die Jungvögel leichter, wenn sie herangewachsen sind und die Höhle verlassen. Sie müssen sich dann nicht an der glatten Wand abmühen, um das Schlupfloch zu erreichen. Alles spricht somit für diesen Typ, trotzdem wird der andere weiterhin angeboten.

Im Gegensatz zu vielen anderen Papageien wollen Wellensittichweibchen im Kasten keinen Bodengrund. Streut man eine Schicht Holzmulm oder Sägespäne ein, so wird sie meist wieder herausbefördert.

Fortpflanzung, Brut und Aufzucht

1 *Der Nistkasten löst das Fortpflanzungsverhalten der Wellensittiche aus.*

2 *Aus den Eiern der Gelege schlüpfen nach etwa 18 Tagen die ersten Jungen.*

3 *Nach 8 bis 10 Tagen ist an den Federkielen bereits die Zugehörigkeit zu bestimmten Farbschlägen zu erkennen.*

4 *Der Altersunterschied bei diesen drei Nestlingen beträgt jeweils drei Tage, doch ist dies nach etwa drei Wochen kaum mehr zu erkennen.*

5 *Nach vier Wochen sind sie dann schon nahezu vollständig befiedert.*

Fotos gegenüber: Auch das Schreiben will gelernt sein! Der weiße Wellensittich möchte doch gern wissen, an wen sein Besitzer schreibt.

Sollte es keine Rolle spielen, wenn ein Sittichpärchen einige Wochen lang in der Wohnung frei umherfliegt, kann man den Nistkasten wie eine Uhr an die Wand hängen. Aber auch in diesem Fall darf prinzipiell nur im Käfig gefüttert werden. Gibt es für die Vögel jedoch keinen längeren Freiflug, befestigt man den Kasten in der oberen Hälfte des Käfigs. Sollte dies wegen einer zu geringen Käfiggröße nicht möglich sein, bleibt nichts anderes übrig, als den Nistkasten vor ein Käfigtürchen zu hängen.

Da kleinere Käfige nur ein einziges Türchen besitzen, müßte der Kasten in diesem Fall beim Füttern und Säubern täglich abgenommen werden. Dazu braucht man schon ein besonders zahmes und geduldiges Weibchen, das sich alle diese Störungen, ohne das Gelege zu verlassen, gefallen läßt.

Unsere Wellensittiche brüten

Theoretisch kann sich Sittichnachwuchs zu jeder Jahreszeit einstellen. Die Vögel sind es ja gewohnt, jede günstige Gelegenheit zur Brut zu nützen, und daher an keine bestimmte Jahreszeit gebunden. Nur wenn sie mausern, also ihr Gefieder erneuern, wird nicht gebrütet.

Trotzdem empfiehlt es sich, die Vögel nicht vor März brüten zu lassen. Erst dann erhalten sie die Nistkästen und zusätzlich zum normalen Körnerfutter gekeimte Sämereien sowie eiweißreiches Zusatzfutter. Bei all diesen Bemühungen ist es aber nicht sicher, ob ein Pärchen nun wirklich zu brüten beginnen wird. Sobald es zu brüten beginnt, sollte es möglichst nicht gestört werden.

Sobald die Jungen schlüpfen, sind tägliche Kontrollen notwendig, am besten wenn das Weibchen den Nistkasten zum Koten verlassen hat. Es könnte eines der Kleinen gestorben sein oder wir müssen eingreifen, weil vielleicht die Füße der Jungen mit Kot verklebt sind!

Wellensittiche sind von Natur aus Koloniebrüter, die Anregung durch andere Paare ist demnach nicht unwesentlich. Man merkt es deutlich, wenn es mit dem Brüten ernst wird. Das Männchen wird dann ganz aufgeregt und wirbt um seine Partnerin. Das Weibchen wählt einen Brutplatz aus oder besiedelt den Brutkasten, den wir ihr anbieten.

Jeden zweiten Tag wird ein Ei gelegt, gebrütet wird meist gleich ab dem ersten Ei. Bei durchschnittlich fünf Eiern im Gelege bedeutet dies, daß das zuerst geschlüpfte Sittichkind schon kräftig herangewachsen ist und seine Augen öffnet, wenn das fünfte erst aus dem Ei kriecht. Trotz dieses Größenunterschiedes werden aber die Winzlinge nicht benachteiligt, sie erhalten von der Mutter in den ersten zwei Lebenstagen eine spezielle Babykost, – ein im Vormagen gebildetes Sekret.

Das brütende Weibchen verläßt wenige Male am Tag, und dann auch nur für kurze Zeit, das Nest zur Kotabgabe. Die abgegebenen Mengen sind beachtlich und können bis zu einem Zehntel des Kör-

pergewichtes betragen. Ab Brutbeginn füttert das Männchen seine Partnerin. Wenn die Jungen schlüpfen, wird ebenfalls das Weibchen am Kasteneingang gefüttert und gibt dann die Nahrung an die Kleinen weiter. Nach etwa zwei Wochen begibt sich der Vogelvater selbst in das Nest und versorgt seine Kinder direkt.

Foto gegenüber: Deutlicher als auf diesem gelungenen Foto lassen sich die Federn auf den Flügeln der Wellensittiche kaum einmal erkennen und vergleichen.

Die Jungen sind ausgeschlüpft

Sollen die jungen Wellensittiche zu gesunden und kräftigen Tieren heranwachsen, müssen die Elterntiere schon während der Brut zusätzlich zum Körnerfutter gutes Aufzuchtfutter bekommen. Will man Zeit und Mühe sparen, kauft man ein handelsübliches Aufzuchtfutter, das sich mit zerdrücktem gekochten Eidotter, etwas trockenem Quark und fein geriebener Karotte aufbessern läßt. Ebenso empfiehlt es sich, zusätzlich eine Vitamin-Mineralstoffmischung in Pulverform zu verfüttern. Auch an das vitaminreiche Keimfutter sei erinnert (s. Seite 16).

- 18 Tage werden die Eier bebrütet, etwa fünf Wochen verbringen die Jungen im Nest und kommen dann mit großen schwarzen Augen, einem schwärzlichen Schnabel und noch etwas verwaschener Gefiederzeichnung heraus.
- Ein bis zwei Wochen kümmert sich noch der Vater um sie, dann sind sie selbständig.

Meist ist der Nistkasten dann völlig verschmutzt und muß gründlich gereinigt werden. Man merkt, daß das Weibchen gleich mit einer weiteren Brut beginnen möchte.

Öfter als zweimal hintereinander sollte man die Wellensittich-Weibchen aber nicht brüten lassen, dies wäre sonst eine übergroße Beanspruchung für die Vögel.

Topografie des Wellensittichs

1 *Wachshaut*
2 *Oberschnabel*
3 *Wangenfleck*
4 *Kehltupfen*
5 *Brust*
6 *Bauch*
7 *Lauf*
8 *Unterschenkel*
9 *Schwanzfedern*
10 *Handschwingen*
11 *Armschwingen*
12 *Rücken*
13 *Flügelbug*

Die Farben der Wellensittiche

In Australien leben nur grüne Wellensittiche. Ganz selten gibt es einmal in den großen Schwärmen der normalfarbigen Tiere einen gelben oder blauen Sittich. Ihre Überlebenschance ist im Freien recht gering, denn ohne die grüne Tarnfarbe fällt ein Sittich sehr bald einem Greifvogel zum Opfer.

Genaugenommen ist das Grün gar keine eigene Farbe, da Grün aus zwei Komponenten zusammengesetzt wird. Jeder, der in der Schule einmal verschiedene Wasserfarben vermischt hat, weiß, daß aus Gelb und Blau Grün wird. Ähnlich mischt auch die Natur, nur ist hier die Sache doch etwas komplizierter als auf der Farbpalette.

Ein typisches Bild: Wellensittiche bei der Partnerfütterung.

Wie die Natur die Farben mischt

Um es auf ganz einfache Weise zu erklären: Es gibt für den Blau-Faktor und für den Gelb-Faktor jeweils eine erbliche Anlage. Treten beide zusammen auf, wie im Normalfall, haben wir einen grünen Vogel vor uns. Fällt ein Faktor aus, kommt es zu gelben oder blauen Tieren. Bei den grünen Wellensittichen befinden sich im zentralen Teil der Federn dunkle Farbkörperchen und in der äußeren Rindenschicht gelbe. Den blauen Sittichen fehlt der gelbe Farbstoff, – das Blau entsteht dann durch Lichtbrechung –, den gelben fehlen die dunklen Farbkörper, und den weißen fehlt beides.

Alle die vielen Farbnuancen und die gescheckten Sittiche sind mit dieser einfachen Grundregel zu erklären. Aber die Farben werden nie den Bereich Blau-Gelb-Grün-Weiß verlassen. Rot ist nicht vorgesehen und wird daher niemals auftreten, so sehr auch mancher ehrgeizige Züchter davon träumen mag.

Jedem Sittich ist es wohl ziemlich gleichgültig, welche Farbe sein Partner hat. Für den Züchter ist es hingegen von einiger Bedeutung, wie er die Tiere verpaart: er erwartet ja als Zuchtergebnis ganz bestimmte Gefiederfarben.

Foto gegenüber: Unser weißer Wellensittich fühlt sich bei seinem neuen Freund und Spielgefährten sichtlich wohl.

Um zu solchen Ergebnissen zu kommen, muß man sich mit den Regeln der Vererbung befassen. Darüber gibt es verschiedene gute Fachbücher, auf die auf Seite 47 hingewiesen wird.

Farbnuancen und andere Mutationen

Wie aus vielen Beispielen aus der Natur und der Tierzucht bekannt ist, treten bei der Vermehrung immer wieder Abweichungen der Gefiederfarbe und Zeichnung auf. Die erste beim Wellensittich bekannt gewordene Mutation war der gelbe Wellensittich, der im Jahre 1872 in Belgien entstand.

Es ergaben sich außerdem aber auch Mutationen, die die Federform veränderten. So gibt es Haubensittiche, bei denen die Kopffedern nach allen Richtungen wachsen und eine richtige Ponyfrisur bilden, und die sogenannten Federputzer mit abnorm langen Federn. Bei diesen Züchtungen muß man sich allerdings doch fragen, ob sie nicht vielleicht schon einen zu großen Schritt weg vom Natürlichen bedeuten?

Die Farben und Farbkombinationen des Wellensittichs

1 *Die Farben der Wellensittiche lassen sich in zwei Hauptgruppen zusammenfassen, die Grün- und die Blaureihe. Die Grünreihe umfaßt die Farben Hellgrün, Dunkelgrün, Olivgrün, Graugrün und Gelb. In die Blaureihe sind Hellblau, Dunkelblau, Mauve, Violett, Grau und Weiß einzuordnen.*

2 *Der Albino ist ein am ganzen Körper weiß gefärbter Vogel mit roten Augen.*

3 *Dieser hellgrüne Vogel stellt die Urform des Wellensittichs dar.*

4 *Beim gelben Wellensittich fehlen alle Blauanteile, die sonst die grüne Gesamtfärbung ausmachen, sowie die dunklen Farbkörper.*

5 *Der sogenannte graue Wellensittich zeigt auf der Unterseite und am Rumpf ein gleichmäßiges Grau.*

6 *Hier ein Dunkelblauer mit rein weißer Maske.*

Der kranke Wellensittich

Sorgfältige Betreuung allein reicht nicht aus, um Krankheiten zu verhindern. So können die verschiedenen, manchmal mikroskopisch kleinen Parasiten praktisch jederzeit eingeschleppt werden. Liegt ein Befall mit Parasiten vor, kann man vielfach selbst die notwendigen Behandlungen durchführen.

Bei anderen Erkrankungen oder bei Verletzungen hingegen sollte man besser möglichst rasch einen fachkundigen Tierarzt aufsuchen. Erste Anzeichen sind geringer Appetit, Mattigkeit, Schläfrigkeit, in der Form veränderter Kot.

Erkältungen: Anzeichen sind Niesen, Sekretausfluß aus den Nasenlöchern, oft auch Augenentzündungen. Betroffen davon sind vor allem verwöhnte Zimmervögel. Aber auch kaltes Trinkwasser, Zugluft und Absinken der Raumtemperatur können Erkältungen verursachen.

➔ Wärmetherapie, z. B. eine Infrarotlampe oder zumindest eine Schreibtischlampe, die den Sitzplatz des Vogels auf 30 bis 33°C erwärmen, führt zum Erfolg.

Verdauungsstörungen: Bleiben die aufgenommen Körner zu lange im Kropf – sie sind als kleines hartes Bällchen von außen fühlbar – besteht die Gefahr einer Kropfentzündung.

➔ Drei Stunden Nahrungsentzug und Kamillentee als Getränk reichen in leichten Fällen als Behandlung. Nach dem kurzen Fasten vorerst leichtverdauliches Vogelbiskuit und Aufzuchtfutter geben. Eine Kropfentzündung müßte vom Tierarzt behandelt werden.

Durchfall: Ein an Darmentzündung erkrankter Vogel sitzt meist matt auf dem Käfigboden herum. Er hat Durchfall, so daß die Kloakengegend bald von dem weichen Kot verklebt ist.

➔ Die Kloakengegend ist zu reinigen, stark verschmutzte Federchen schneidet man ab. Wärmelampe, leicht verdauliches Futter, Kamillentee, Vogelkohle. Tierarzt! Am besten ist es jedoch vorzubeugen: Auf qualitativ einwandfreies Futter achten, den Sittich nie bei den Mahlzeiten mitnaschen lassen.

Papageienkrankheit (Psittakose): Bei hartnäckigem Durchfall, bei Atembeschwerden, bei Sekretausfluß aus den Nasenlöchern und bei eitriger Bindehautentzündung kann diese gefährliche Krankheit auftreten.

➔ Gewißheit bringt eine Kotuntersuchung. Bei engem Kontakt mit einem erkrankten Vogel besteht die Gefahr der Übertragung auf den Menschen.

Gicht: Bei Gelenksgicht helle Ablagerungen auch an den Zehengelenken, die dann nach und nach ihre Beweglichkeit verlieren.

➜ Durch Senkung des Eiweißanteils im Futter kann ein weiteres Fortschreiten verzögert werden.

Verletzungen: Selbst böse aussehende Wunden heilen nach der Versorgung mit einem blutstillenden Präparat und einem antibiotischen Wundpuder relativ rasch ab. Bei Flügel- und Beinbrüchen fixiert der Tierarzt den betroffenen Körperteil mit Mullbinde und Klebstreifen in seiner natürlichen Lage. Oft wird der Verband vom Sittich zerzupft. Zu Verrenkungen und Zerrungen kommt es meist dann, wenn der Sittich mit zu lang gewordenen Krallen irgendwo hängenbleibt.

Mauserprobleme: Der regelmäßige Wechsel des Gefieders ist ein durchaus normaler Vorgang.

➜ Gegen die Mauser ist nichts zu unternehmen, man sollte aber zur Zeit des Gefiederwechsels ausreichend Vitamine und Mineralstoffe geben und Belastungen des Vogels (z. B. Einfangen) vermeiden. Günstig ist eine Erhöhung der Luftfeuchtigkeit.

Zu langer Schnabel und lange Krallen: Abnormes Wachstum von Schnabel und Krallen ist eigentlich keine Krankheit, sondern eher die Folge von Haltungsfehlern. Auf den zu glatten Käfigsprossen nützen sich die Vogelkrallen kaum ab, der Schnabel ist ebenfalls unterbeschäftigt. Wahrscheinlich spielt eine gewisse Veranlagung dabei eine Rolle, denn unter den gleichen Haltungsbedingungen besitzen viele Wellensittiche bis an ihr Lebensende normal lange Schnäbel und Krallen.

➜ Wie auch immer, wir haben jedenfalls darauf zu achten, daß sich der Schnabel nicht eines Tages mit seiner Spitze fast in die Vogelbrust bohrt und daß sich die Krallen in Folge von Überlänge eindrehen. Die notwendigen Korrekturen sind zwar leicht durchzuführen, sollten aber dem Fachmann vorbehalten bleiben. Zum Schutz vor Bissen, fängt und hält man den Sittich mit einem Handschuh fest. Achtung, der Vogel darf nicht auf den Rücken gedreht werden! Eine kleine scharfe Zange oder eine kurze kräftige Schere sind geeignete Instrumente. Wie die Abbildung zeigt, wird der Schnabel mit zwei Schnitten gekürzt. Eventuelle Blutungen sind mit Eisenchloridwatte zu stillen.

Sittichweibchen, die es gewohnt sind, ihre Nisthöhlen selbst auszunagen, haben in unserer Obhut kaum Möglichkeit, ihren Schnabel auf natürliche Weise abzunützen. Kalkstein oder Sepia werden meist recht rasch zerlegt und sind nicht hart genug, um als »Wetzstein« zu dienen. Man kann solchen Tieren als Ersatz ein Stück Mauerziegel bieten.

So hält man den Wellensittich beim Schneiden der Krallen.

Einfacher ist das Krallenstutzen in der Nähe einer Lichtquelle, denn dann ist der Verlauf des Blutgefäßes gut zu erkennen. Man nimmt etwa 2 mm als Sicherheitsabstand und kürzt wie in der Abbildung dargestellt.

Rote Vogelmilben: Nachts unruhige Vögel, geschwächte oder tote Junge im Nistkasten weisen auf diesen in der Nacht aktiven Blutsauger hin. Tagsüber halten sich die Milben in Spalten und Ritzen versteckt und sind allenfalls als hellgrauer Belag zu erkennen. Eine sichere Methode zur Feststellung dieser Parasiten: Nachts ein helles Tuch über den Vogelkäfig geben, am Morgen danach sind dann die Milben als dunkelrote Kügelchen in den Falten an der Unterseite des Tuches zu erkennen.

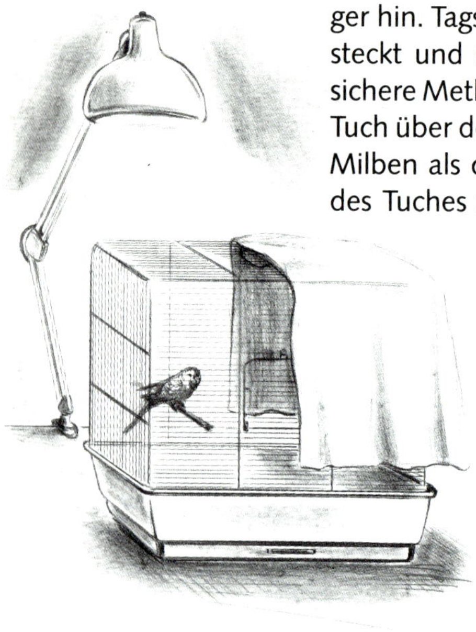

Ein Krankenkäfig, der mit Infrarot-Licht bestrahlt wird.

➜ Bekämpfung: Peinliche Sauberkeit, Nistkasten austauschen. Bekämpfungsmittel nur am Käfig, niemals am Vogel selbst anwenden.

Innenparasiten: Appetitlosigkeit und Bewegungsunlust können ein Hinweis auf Darmparasiten sein.

➜ Gewißheit bringt eine Kotuntersuchung (zur Kotgewinnung ein Stück sauberes Papier unter den Schlafplatz des Vogels legen. Kotprobe zum Tierarzt bringen). Die einzelligen, im Darm parasitierenden Coccidien und Eingeweidewürmer sind leicht nachzuweisen.

Wellensittiche im Zeichen der Gesetze

Wer einen Wellensittich erwirbt oder verkauft und vor allem diejenigen, die Wellensittiche züchten, kommen mit einigen gesetzlichen Bestimmungen in Berührung, die es zu kennen und zu beachten gilt.

Wellensittiche tragen den amtlich vorgeschriebenen **Fußring,** der über ihre Herkunft, das heißt den Züchter, Auskunft gibt. Diese Bestimmung geht auf die in den 30er Jahren dieses Jahrhunderts aufgetretenen Fälle von Papageienkrankheit zurück. Heute hat diese als Psittakose bezeichnete Erkrankung ihre Gefahr für Mensch und Tier weitgehend verloren. Dennoch behalten sich die Behörden vor, im Falle des Auftretens von Papageienkrankheit entsprechende Maßnahmen anzuordnen. Die Beringung würde dann eine Kontrolle erlauben. Daher dürfen die Fußringe auch keinesfalls entfernt werden.

Als **Züchter** gilt man bereits, wenn man nur einem einzigen Wellensittichpärchen im Zimmerkäfig Nachwuchsfreuden gönnen möchte. Auf keinen Fall darf der Nachwuchs von Wellensittichen, ohne daß er gleich nach dem Ausschlüpfen beringt worden ist, in den Handel gebracht werden.

Die Fußringe gibt es über die Züchtervereinigungen wie den DWV (Deutsche Wellenzüchter-Vereinigung innerhalb der AZ, Geschäftsstelle: Untere Au 30, 71501 Backnang, Telefon 07191/82439) gegen Vorlage eines Erlaubnisscheines für die Zucht. Die Zuchterlaubnis, ganz gleich, ob sie mit einem oder hundert Paaren erfolgt, ist von der zuständigen Gemeindeverwaltung einzuholen.

Voraussetzung ist eine beim Amtstierarzt abgelegte Eignungsprüfung, bei der es nicht nur darauf ankommt, über Haltung, Fütterung und Zucht Bescheid zu wissen, sondern auch die Seuchenverordnung zu kennen, die sich auf die Psittakose bezieht. Ebenso muß ein Zuchtbuch geführt werden.

Bücher und Zeitschriften

Bücher

Birmelin, I. und A. Wolter: Das GU Wellensittich Buch. Gräfe und Unzer Verlag, München 1985.

Delpy, K. H.: Volieren. Albrecht Philler Verlag, Minden 1973.

Ebert, U.: Vogelkrankheiten. Hannover 1972.

Gylstorff, I. und F. Grimm: Vogelkrankheiten. Verlag Eugen Ulmer, Stuttgart 1987.

Hieronimus, H.: Der Wellensittich. Verlag Eugen Ulmer, Stuttgart 1988.

Kolar, K. und K. H. Spitzer: Großsittiche. Verlag Eugen Ulmer, Stuttgart 1990.

Kronberger, H: Haltung von Vögeln – Krankheiten der Vögel. Gustav Fischer Verlag, Jena 1971.

Michaelis, H. J.: Der Wellensittich. A. Ziemsen-Verlag. Wittenberg-Lutherstadt 1967.

Radtke, G. A.: Handbuch für Wellensittich-Freunde. Franck'sche Verlagsbuchhandlung, Stuttgart 1973.

– : Wellensittiche. Horst Müller Verlag, Walsrode 1984.

Robiller, F.: Käfige und Volieren. VEB Deutscher Landwirtschaftsverlag, Berlin 1983.

Schöne, R. und P. Arnold: Der Wellensittich. Gustav Fischer Verlag, Jena 1980.

Vins, T.: Wellensittiche. 89 Farbschläge. Verlag Eugen Ulmer, Stuttgart 1993.

Zeitschriften

Aktuelles aus der Vogelwelt, Fachzeitschrift für Vogelliebhaber. Verlag Wilhelm Geistlinger, Adnet (Österreich).

AZ-Nachrichten. Organ der Vereinigung für Artenschutz, Vogelhaltung und Vogelzucht (AZ) e.V., Mosbach.

Budgerigar Bulletin, Monatszeitschrift der Budgerigar Society. Idle, Bradford (England)

Die Voliere. Verlag M. & H. Schaper, Hannover.

Gefiederte Welt. Fachzeitschrift für Vogelliebhaber und Vogelzüchter. Verlag Eugen Ulmer, Stuttgart.

Gefiederter Freund, Schweizerische Monatszeitschrift für Vogelpflege, Zucht und Artenschutz. Organ des Schweizerischen Verbandes EXOTIS, Wilen b. Wil.

Wellensittich-Magazin. Internationale Zeitschrift für Züchter, Halter und Aussteller. PDN Sachbuchverlag GmbH, Hannover.

Register

Bildquellen

Alle Fotos bis auf den Seiten 34 und 35 von Regina Kuhn, Stuttgart. Die restlichen Fotos von Franz Pfeffer, Plattling.
Alle Zeichnungen von Siegfried Lokau, Bochum-Wattenscheid, nach Vorlagen des Verlages.

Die Deutsche Bibliothek –
CIP-Einheitsaufnahme

Wellensittiche / von Kurt Kolar. Mit Farbfotos von Regina Kuhn und Franz Pfeffer und Zeichn. von Siegfried Lokau. – Stuttgart : Ulmer, 1994
(Heimtiere halten)
ISBN 3-8001-7299-2
NE: Kolar, Kurt ; Kuhn, Regina

Impressum

Wollgrasweg 41, 70599 Stuttgart (Hohenheim)
Einbandgestaltung: Atelier Reichert, Stuttgart
Lektorat: Ulrich Commerell
Herstellung: Ottmar Schwerdt
Herausgeber der Reihe »Heimtiere halten«: Prof. Dr. Kurt Kolar
Für Aufnahmen zu diesem Buch stellten uns Dietmar H. Schmidt und die Fa. Zoo Utke, Esslingen, freundlicherweise Wellensittiche zur Verfügung.
Printed in Italy